U0027234

READ THIS IF YOU WANT TO BE INSTAGRAM FAMOUS.

IG 玩家成功術

#攝影祕笈 #修圖技巧 #內容管理 #粉絲經營 #品牌行銷
成為 PRO 級玩家的 50 條 Instagram 教戰指南

策劃編輯｜亨利·凱洛 Henry Carroll
譯｜古又羽

IG玩家成功術

#攝影祕笈 #修圖技巧 #內容管理 #粉絲經營 #品牌行銷 成為PRO級玩家的50條Instagram教戰指南

原文書名	Read This If You Want Yo Be Instagram Famous
作　　者	亨利·凱洛（Henry Carroll）
譯　　者	古又羽

總編輯	王秀婷
責任編輯	李　華
版　權	張成慧
行銷業務	黃明雪

發 行 人	涂玉雲
出　　版	積木文化
	104台北市民生東路二段141號5樓
	電話：(02) 2500-7696｜傳真：(02) 2500-1953
	官方部落格：www.cubepress.com.tw
	讀者服務信箱：service_cube@hmg.com.tw
發　　行	英屬蓋曼群島商家庭傳媒股份有限公司城邦分公司
	台北市民生東路二段141號11樓
	讀者服務專線：(02)25007718-9｜24小時傳真專線：(02)25001990-1
	服務時間：週一至週五09:30-12:00、13:30-17:00
	郵撥：19863813｜戶名：書虫股份有限公司
	網站：城邦讀書花園｜網址：www.cite.com.tw
香港發行所	城邦（香港）出版集團有限公司
	香港灣仔駱克道193號東超商業中心1樓
	電話：+852-25086231｜傳真：+852-25789337
	電子信箱：hkcite@biznetvigator.com
馬新發行所	城邦（馬新）出版集團 Cite（M）Sdn Bhd
	41, Jalan Radin Anum, Bandar Baru Sri Petaling, 57000 Kuala Lumpur, Malaysia.
	電話：(603) 90578822｜傳真：(603) 90576622
	電子信箱：cite@cite.com.my

國家圖書館出版品預行編目資料

IG玩家成功術：#攝影祕笈 #修圖技巧 #內容管理 #粉絲經營 #品牌行銷成為PRO級玩家的50條Instagram教戰指南 / 亨利.凱洛(Henry Carroll)作；古又羽譯. -- 初版. -- 臺北市：積木文化出版：家庭傳媒城邦分公司發行, 民107.07
　面；　公分. -- (Design+ ; 56)
譯自：Read this if you want to be Instagram famous.
ISBN 978-986-459-142-8(平裝)
1.攝影技術 2.數位攝影
952　　　　　　　　　　　107008814

城邦讀書花園
www.cite.com.tw

製版印刷　上晴彩色印刷製版有限公司

2018年7月24日　初版一刷
2020年3月17日　初版三刷
售　價／NT$ 380
ISBN　978-986-459-142-8
Printed in Taiwan.

編輯筆記

本書取材於 2017 年，各帳號內容、粉絲數與軟體政策可能有所異動、更新，僅供參考。

目錄

你想成為Instagram紅人，對嗎？

步驟一：去咖啡館。步驟二：點一份沙拉。假如能點羽衣甘藍（kale）的沙拉就更棒了。步驟三：站到椅子上拍照，然後「碰！」的一聲，你和你的 #KALESALAD 就會引來上百萬粉絲，還讓你交到名為 @KYLIEJENNER 的新閨蜜。就這麼容易，對吧？

大錯特錯！若想在 Instagram 發光發熱，要付出更多努力。你必須對自己的照片懷抱熱情，還得確保所發表的動態新鮮又獨特。最重要的是，你的貼文要兼具創造力、獨創性及策略性。

在每個知名的動態頁面背後，都有位超級精明能幹的攝影師，他們清楚明白自己在做什麼。

本書共有 50 位達人親自分享他們成為 IG 網紅的祕訣。從如何精進拍攝技巧，如何建立自我風格，如何與社群互動，以及如何吸引品牌注意等內幕，他們將一一為你揭開。你將會學到像 @DANIELLEPEAZER 這樣的時尚與健身指標何以受到上百萬人青睞；了解 @TASTEOFSTREEP 怎麼有辦法在幾個星期內就擁有超過十萬名粉絲；還會懂得像 @SYMMETRYBREAKFAST 一樣成為美食類 IG 網紅的方法，並且如 @HELLOEMILIE 般貼切地描寫生活風格。

無論你想要走什麼路線，這些珍貴的指引皆有助於你快速累積粉絲，打造引以為傲的作品，當然，你還可能因此放棄原本的正職工作，從此環遊世界，免費獲得各種東西。

@DANIELLEPEAZER

Danielle Peazer
丹妮爾‧皮澤
粉絲人數：> 120萬

私房推薦：
@eimearvarianbarry
@sincerelyjules
@victoriametaxas

兼顧工作與玩樂

人們會對感同身受的照片產生共鳴，所以，為了確保帳號不斷成長，我認為私人照片和工作照片（不一定有贊助）要等量。假如你才剛開始，出遊時，在照片裡標註航空公司和飯店不失為一個拓展門路的好方法；倘若你正在度假，不妨讓大家知道你穿什麼品牌。即使是業配文，我也會寫出個人感想，並且一定事先與客戶討論出彼此都滿意的好內容。沒有人比你更了解自己及粉絲對怎樣的內容有感覺。

丹妮爾的故事

出於好奇，我在 2012 年開設了我的帳號。經營一段時間後，有些粉絲開始詢問我身上的衣服是什麼品牌，也請我給他們一些穿搭建議，因此，我決定認真思考如何將它變成一份工作。我認為人們既喜歡看我的工作照片，也喜歡看我的私人社交生活。我只和我真正喜歡的品牌合作，對我來說，真誠比賺錢更重要。

探知光線

光線的變換，能夠讓習以為常的場景展現出有別於以往的一面。光線能賦予同一個地點迥然相異的風貌，且會根據該地點的環境條件而發生趣味，永遠不可能有拍不到新題材的一天。因此，請在不同季節、不同日子、不同時間反覆前往同一個地點吧！如此一來，你發表的照片也會開始深受人們喜愛。

湯瑪斯的故事

我於 2010 年下載了 Instagram，當時只是為了想和某位朋友分享趣味隨拍，而尋找合適的 App 來使用，沒想到，我的人生竟因此大大改變。開始使用 Instagram 後，我很快地發現自己對攝影懷抱高度熱情，如今它已成為我的正職工作。Instagram 也徹底改變了我旅行的方式，現在無論我到哪裡，一定都有當地人陪我喝咖啡或帶我到處踩點。對我來說，這就是最珍貴的收穫。

@THOMAS_K

Thomas Kakareko
湯瑪斯·卡卡瑞柯
粉絲人數: > 65.5萬

私房推薦:
@cirkeline
@sionfullana
@koci

@MISSUNDERGROUND

Jess Angell
潔思·安捷爾
粉絲人數: > 5萬

私房推薦:
@mrwhisper
@13thwitness
@underground_nyc

尋找線條

按下快門前,請多加嘗試不同的取景角度。高高舉起相機或手機,甚至貼近地面,都能創造嶄新視野。找尋畫面中顯著的線條如牆、樓梯,或是扶手,引領觀賞者進入畫面。從景框邊緣延伸進入的線條可以成為有力的視覺引導線。假如想強調幾何造形,請盡量讓相機平行於被攝物,避免構圖歪斜。

潔思的故事

我於 2012 年建立 @MISSUNDERGROUND,單純只是為了展示我平日拍攝的倫敦地鐵,我一直非常喜歡倫敦地鐵。2013 年,Instagram 部落格介紹了我的動態,結果我的粉絲人數在一天之內從八千人爆量到兩萬四千多人,成了一個轉捩點。現在,捕捉倫敦地鐵電扶梯、隧道和空間最簡單、最對稱的樣貌,已經變成我的強迫症。我試著每天都拍,但有時候人實在太多了!

保持一致又不失變化

讓視覺風格保持一致非常重要，無論所選用的色彩或分享的內容皆是如此。這麼做才能讓人在快速捲動首頁時，一眼認出你的貼文。假如你想要嘗試不同的特效和濾鏡，建議盡量使用相同的 App 和編輯工具來處理。原則上，我不使用濾鏡，而是利用 PicTapGo 來增加照片的亮度，調整對比、陰影及色溫。如果喜歡極簡風格，請多加考量所有照片排列在一起時的樣子。若拍攝較複雜的圖像，我會在周圍保留完整色塊，藉這樣的構圖給予被攝主題一點喘息空間。

卡洛琳的故事

我很喜愛保留回憶——為家人拍照、收集小物，以及用天然素材和拾得的物品創作。我花很多時間在海邊尋寶，撿拾可供拍攝、分享的物品。最初，我透過部落格來分享作品，但後來發現，Instagram 的分享更即時，而且無需大量的文字陪襯。後來，我很幸運地獲得 Instagram 的青睞，名列「推薦用戶」（suggested user）之中，粉絲人數因而大幅增加。現在，在 Instagram 上分享照片已成了我的日常，它讓我擁有一點私人時間，暫離忙碌的家庭和工作生活。

@CAROLINE_SOUTH

Caroline South
卡洛琳・紹斯
粉絲人數: > 10萬

私房推薦:
@5ftinf
@pchyburrs
@spielkkind

@SERJIOS

Serge Najjar
席吉·內賈
粉絲人數: > 7.5萬

私房推薦:
@janske
@joseluisbarcia
@kristinenor

訓練眼力

我覺得攝影最重要的就是訓練眼力。你可以從觀察周遭環境開始練習──試著用不同角度觀看,找出隱密的細節,捕捉光線的變化,尋找人在空間之中具有特殊意義的瞬間。我不太使用「主題標籤」(hashtag),我建議大家專注在照片本身,並且盡量避免干擾(例如過多的主題標籤)。

我的照片皆有標題,那已是我能忍受的最大極限。

席吉的故事

我出生於黎巴嫩的貝魯特,是名執業律師和法學博士。我於 2011 年開始在 Instagram 發表攝影作品,很快地,有許多畫廊與我聯繫,我的作品自 2012 年開始於塔尼特畫廊(Galerie Tanit)展覽。2014 年,我於黎巴嫩地中海攝影節(Photomed Liban)贏得了獎項,也陸續在巴黎國際攝影藝術博覽會(Paris Photo)等國際博覽會展出作品。一直以來,我希望透過 Instagram 來展示平凡和非凡之間僅有一線之隔。我認為,只要用充滿創造力的雙眼來看待世界,就能將平凡事物推向藝術境界。

解放怪咖魂

不要擔心其他人的想法，為自己創作吧！做你認為有趣的事，別為了融入人群而改變夢想或扼殺自己的天性。雖然，我很想說我是經過縝密規劃才能走到這一天，然而事實上，我當初是為了朋友而開設帳號，至今仍然對它會這麼受歡迎而感到震驚。我的頁面很瘋，也許因此在極短時間內吸引了廣大的關注。以結果來看，我想這一切是因為我的題材與眾不同。

莎曼沙的故事

我 25 歲，來自美國佛羅里達州南部，目前住在布魯克林，身兼演員、插畫家和平面設計師等多重身分，我到現在還不是很確定自己為什麼要開設 Instagram 帳號。某天，我看到梅莉・史翠普（Meryl Streep）演出《女人心海底針》（*She Devil*）時的美好粉紅色劇照，當下突然有股衝動想把她放在淋著草莓糖霜的甜甜圈上。那件事發生在 2015 年 11 月。然後，又過了約莫兩個月，某天早晨，我睜開雙眼，決定讓我的帳號專屬於梅莉・史翠普和美食。到目前為止，已經有幾個點心品牌因為我的頁面「火速爆紅」而與我聯繫——而我從不拒絕免費食物。

@TASTEOFSTREEP

Samantha Raye
Hoecherl
莎曼沙・瑞・荷雪爾
粉絲人數：> 11.5萬

私房推薦：
@bethhoeckel
@officialseanpenn
@pipnpop

@BERLINSTAGRAM

Michael Schulz
米夏埃爾‧舒魯茲
粉絲人數：> 46萬

私房推薦：
@ecolephoto
@efi_o
@mr_sunset

一名走天下

假如你剛踏入 Instagram 的世界，我建議最好先行確認 Snapchat、Facebook、Twitter 和 Tumblr 等其他網路社群是否也能讓你註冊相同的帳號名稱。因為若能讓不同平臺的帳號同步更新動態，就能大幅增加 Instagram 互動。每個平臺皆擁有相同的帳號名稱，粉絲更容易搜尋。挑選有意義的名稱也很重要，以我的帳號 @BERLINSTAGRAM 為例，由於它讓大家立刻明白，這裡可以看到柏林的照片，因此為我吸引了很多關注。不過最近，我偶爾會覺得這個帳號或多或少限制了我，如果我去旅行而拍了其他地方的照片，會有人說：「那不是柏林！」不過，粉絲其實也了解每個帳號都需要成長和發展。

米夏埃爾的故事

我在 Instagram 推出的第二個星期就下載了，那是 2010 年的秋天，然而我一直沒有開始使用，直到我找到喜歡的照片編輯 App。無需分文就能拍出無數照片，實在令我著迷，現在回頭去看我早期的作品，真的十分可笑：蹩腳的濾鏡、糟糕的解析度、詭異的構圖。兩年前，我辭去廣告公司的工作，現在我的專業是將過往經驗與 Instagram 知識結合，舉凡為品牌提供顧問諮詢服務、規劃宣傳活動，以及製作內容等等，都是我的守備範圍。我認為智慧型手機和修圖 App 將攝影民主化，而 Instagram 則是促成其中人際互動的一大動力。

保護個人檔案

第一次使用 Instagram，需要建立新帳號，若你已有帳號，最好做
一些調整，以確保帳戶安全。根據帳號的用途，請用心安排細節，
藉此營造出正確的氣氛，進而引起更多互動。

用戶名稱

讓用戶名稱符合頁面的主題非常重要，因為用戶名稱會帶來第一印象。理想上，你會需要一個吸睛好記又和主題相關的名稱，然而，任何一目瞭然的名稱應該早就被用掉了，所以你必須好好地腦力激盪一下──@BERLINSTAGRAM 就是一個好例子（請見第 20 頁）。假如你想要的名稱已有人使用，不妨善用底線，也有助於區隔每個單字，更容易閱讀，例如 @ME_AND_ORLA（請見第 50 頁）。名稱愈短愈好，而且某些平臺有字數限制。

大頭貼照

大頭貼照等同於你的 Logo，所以請選用清楚且能立即辨識的圖片，避免畫面太過雜亂，這個影像的尺寸很小，無法呈現太多細節。如果你想要露臉，請思考該微笑還是保持嚴肅，你的表情會立刻為頁面定調。

簡介

除非你想如 @BREADFACEBLOG（請見第 42 頁）匿名，否則，在個人簡介中顯示全名比較容易親近。用字請盡可能精簡，表情符號是節省空間和展現自我個性的好方法。英文是 Instagram 最常使用的語言，想擁有來自全球各地的粉絲，請同時使用英文和母語。

補充資訊

若積極想要增加詢問度，絕對要在個人簡介加上 E-mail 地址。建議為 Instagram 建立一個專屬的 E-mail 帳號，因為隨著粉絲人數增加，垃圾郵件也會愈來愈多。此外，提供你的網站、部落格或 Snapchat 等社群平臺帳號的網址同樣有助於提升流量，讓品牌知道你也活躍於其他平臺，並請務必隨時更新上述資訊。

追蹤別人

喜歡你頁面的人，也會想知道你追蹤了哪些人，以找尋類似的用戶。你選擇追蹤的用戶就如同個人簡介的延伸，顯示出興趣所在。請勿未經思量地追蹤所有人，特別是一開始的時候，否則首頁會充滿無用資訊，你的定位也會變得較不明確。

最佳範例

毋庸置疑，所有提供本書內容的 Instagram 達人都知道如何打造
強而有力的個人簡介，以下是出類拔萃的一群，原因各有不同。
請跟隨他們的腳步發光發熱吧！

daniellepeazer

Danielle Dance/Fitness, Travel, Fashion, Life
dpeazer | @DaniellePeazer | @reebokwoman
WATCH my new video youtu.be/47vAKJhpijo

丹妮爾 舞蹈／健身、旅行、時尚、生活
dpeazer @DaniellePeazer @reebokwoman
觀賞我的最新影片 youtu.be/47vAKJhpijo

helloemilie

Emilie Ristevski Forever wandering with a camera in my hand.
Currently in @tasmania | Snapchat > goodbyeemilie
info@helloemilie.com | facebook.com/helloemilie

愛蜜莉‧莉絲特夫斯基 無時無刻拿著相機閒晃。
現居 @ 澳洲塔斯馬尼亞島 |
Snapchat > goodbyeemilie
info@helloemilie.com | facebook.com/helloemilie

ihavethisthingwithfloors

I Have This Thing With Floors When nice feet meet nice floors.
Take a selfeet. #ihavethisthingwithfloors • Curated from Amsterdam
facebook.com/ihavethisthingwithfloors

我跟地板很有事 當美腳遇上好地板。
拍張腳自拍照 #ihavethisthingwithfloors，從阿姆斯特
丹發聲
facebook.com/ihavethisthingwithfloors

tasteofstreep

taste of streep because what more could you want?
tasteofstreep@gmail.com | Brooklyn, ny

史翠普的滋味 因為你還能奢求更多嗎？
tasteofstreep@gmail.com 紐約市布魯克林區

謹慎留言

留言是你與 Instagram 社群最窩心的互動方式。我珍視每則留言,並且花時間在其他人的動態留下有意義的回應。如果你喜歡某張照片,大方告訴發表者吧!同樣地,假使有人在你的照片下留言,不妨在回覆的時候提到你對他們動態的想法,而不只是一句感謝。我發現這樣的方式能在你與粉絲之間建立堅定的關係;單純的一句感謝雖然很親切,但意義不大。

瓦倫蒂娜的故事

在我生下第二個小孩並移居香港當個全職媽媽之後,我想要尋找新鮮動力。2012 年,我每個月都會嘗試新東西,而隨著在繪畫方面徹底失敗,我將目光轉向 Instagram,透過 Instagram,我發覺自己對攝影的愛,而每天都能獲得回饋、靈感和鼓勵,也讓我的生活煥然一新。如今,我可以自稱攝影師,儘管我才剛開始這份工作,但是感覺很棒又充實。

@THATSVAL

Valentina Loffredo
瓦倫蒂娜・洛弗雷多
粉絲人數: > 7.5萬

私房推薦:
@cimkedi
@omniamundamundis
@serjios

@SYMMETRYBREAKFAST

Michael Zee
麥可・齊
粉絲人數: > 60萬

私房推薦:
@paleslineonaplate
@thecuriouspear
@raretealady

一心一意

在 Instagram 上,我們不可能包山包海經營一大堆不同主題,所以千萬別有這樣的念頭。請專注於你喜愛的單一題材或風格,並且盡所能地深入研究,去參觀博物館、看電影、閱讀書籍,多方欣賞設計師、攝影師和藝術家的作品——不只是當今的作品,年代久遠的作品也一樣重要。一旦成為某一題材的專家,其他人就會前來尋找靈感和建議。保持彈性、不斷發展進化,但別忘了專注在你的 Instagram 主題上。

麥可的故事

2013 年,我為了伴侶 Mark 開設了現在這個帳號。我對烹飪的熱情來自於父母及我的英國、蘇格蘭和中國血統。小時候,每逢週末和學校放假時,我都會在父親開的炸魚薯條店幫忙。我也自學烘焙,因為我媽媽很愛吃甜食。Mark 的工作非常忙碌,早餐是我們一天之中珍貴的共處時間,因此,我的任務是讓每天的早餐時光愈歡樂愈好。我每天都早起為 Mark 做早餐,至今已經做了 800 份早餐。

獨出心裁

試著做些不常見的事來激發人們的好奇心。我的作法是打破規則,將手寫文字發表到原本專為照片量身訂做的平臺。在構想貼文的時候,別陷入你會得到多少讚和新粉絲的迷思,請聆聽自己的心聲,並且成為自己的主宰,你想分享什麼一切操之在己。如此一來,其他身外之物也會隨之而來,因為人們會從你的貼文中看見一部分的自己。總有人在 Instagram 上尋找新鮮事,而那些人就是你的潛在觀眾。

尤舒的故事

表面上,@SATIREGRAM 像是在嘲弄 Instagram 典型的用戶行為,然而本質上,它則反映出我們使用社群媒體的心態——幾乎所有在社群媒體上發表的貼文,都是一種控制別人如何看待自己的手段,那是發文者的「精選集錦」,也是他們「精心營造的自我形象」。@SATIREGRAM 將目光轉向自我原始的面貌,它呈現出相機背後那個人真實的樣貌,以及他們在拍下照片前一刻可能懷抱的意圖。我不在乎有多少讚、粉絲和名氣,我的作品是藝術,它能令人們自嘲。我希望我的貼文能給人靈感,幫助他們拍下就連我也無法付諸文字的片刻。

@SATIREGRAM

Euzcil Castaneto
尤舒・卡斯塔尼托
粉絲人數: > 15萬

私房推薦:
@brooklyncartoons
@_eavesdropper
@thewriting

1	2
3	4

1. 我的早餐的照片。
2. 我正拿來當晚餐吃的沙拉照片,我刻意裁掉旁邊那一大瓶田園沙拉醬,我打算把它倒滿整個盤子……
3. 透過窗戶拍攝機翼的老套照片,因為我正飛往某地。
4. 在健身房對著鏡子拍的自拍照,藉此炫耀我的新健身裝扮……

a picture of my breakfast.

a picture of a salad I'm having for dinner. I made sure to crop out the big bottle of ranch dressing that I'm going to pour all over this plate...

a cliché picture of an airplane wing through the window because I'm flying somewhere.

mirror selfie at the gym to show off my new workout outfit...

@THEDRESSEDCHEST

Rainier Jonn Pazcoguin
雷尼爾·瓊·帕茲柯金
粉絲人數：> 16萬

私房推薦：
@brothersandcraft
@fmuytjens
@thepacman02

如實而獨特

我認為盡可能呈現真實不造作的一面非常重要。只為了增加粉絲而發文，還是顯露出真實的熱情，兩者非常容易分辨。我想，相較於其他流行時尚相關的帳號，我的頁面之所以能呈現出真誠和特殊性，是由於隱藏身分對我而言真的非常重要。我不是長相帥氣的男生，把焦點放在衣著也讓我的粉絲更能想像自己穿起來的模樣。假如你有出色的想法，且真心在乎自己發表的內容，那麼，跟你有同樣喜好的人絕對會找到你。

雷尼爾的故事

我在 2014 年初開設了 Instagram 帳號，目的是為了記錄我每天的穿搭，也將自己的衣著呈現給懂得欣賞的人。我白天是軟體工程師，很少會有人注意我的穿著。Instagram 讓我跳脫平凡工程師的身分，有機會變成另一個完全不同的角色。

@GMATEUS

Gabriela Mateus
米夏埃爾·舒魯茲
粉絲人數：> 20萬

私房推薦：
@dansmoe
@brahmino
@nicanorgarcia

創造迷你系列

替作品找出一些共通點，在頁面上創造迷你照片系列。可以是關於某個地點或旅行的系列，也可以是透過主題或色調來整合的系列。這麼做能讓你的動態頁面更加吸引人，因為人們會想知道你編織出的故事將帶他們去向何方。寫下詼諧或令人好奇的照片說明，有助於敘事，也能分享心情和感想。不妨寫一些迷人的典故，然後向粉絲發問，以增進互動。例如，在這個攝於威尼斯的迷你系列中，你們知道為什麼所有房子的顏色都如此鮮豔嗎？那是因為，這樣漁夫才能在歸途中，從霧裡一眼認出自己的家！

加柏莉耶菈的故事

我之所以會開始使用 Instagram，是為了與朋友分享重要時刻。然而，當我發表的照片開始不再那麼私人，僅是單純地分享我在旅途中感受到的喜悅，我的粉絲人數也水漲船高。我很幸運地多次被 Instagram 選為推薦用戶，知名度因此一直增加。我主修社會學，雖然也受過專業攝影的訓練，但拍照充其量只能算是興趣，一項賜予我無限歡樂的興趣。

震撼視覺

若想在 Instagram 大放異彩，關鍵就在作品能否令人一眼驚豔。假如沒辦法立即產生衝擊，觀賞者就會繼續往下看首頁上的其他照片。構圖完善的影像會瞬間躍然眼前，使觀賞者的目光停留其上。學習基本的構圖技巧絕對是必要的——尤其是如何在正方形景框內構圖的技巧。

提姆的故事

我是名美術老師，所以我經常在尋找讓人躍躍欲試的新創作園地，當 Instagram 發布時，恰巧是我開始對攝影產生興趣的時候。2012 年我旅居中東，那是我與多家品牌合作的起點。那時，社群媒體攝影師在當地非常稀有，我的帳號因而受到矚目。五年來，Instagram 不斷給予我新機會，工作邀約及與其他用戶交流的邀請，讓我幸運地可以四處旅遊。我經常覺得，一個小小的 iPhone App 竟然能如此改變人生，真的是非常奇妙的一件事。

@TIM.HATTON

Tim Hatton
米夏埃爾·舒魯茲
粉絲人數：> 8萬

私房推薦：
@kitkat_ch
@le_blanc
@twheat

認真構圖

@TIM.HATTON 所言甚是，絕不能在構圖上怠慢。請牢記：「構圖至關重要，因為，觀賞者的視線如何在圖片中移動，全取決於構圖。」假設這句話變成了「取決移動至關的視線重要，因為圖片中在，於它觀賞者你的構圖如何全。」就無從理解了。即使那兩個句子以同樣的字詞所組成，少了正確的順序，就完全讀不懂了，而這就是構圖的道理。該如何安排眼睛看到的東西，好拍出一張條理分明的照片呢？以下是幾個必備的構圖知識，能幫助你的作品免於淹沒在相同主題標籤的茫茫縮圖海之中。

線條 lines

找尋能將觀賞者目光帶進畫面的線條。這些線條可能是道路、建築構件，或是一堆排列得恰到好處的物品——任何東西都有可能！

@BERLINSTAGRAM

前景趣味 foreground interest

若鏡頭的最前方有東西，是另一種引領觀賞者視線進入畫面的方法。

@OVUNNO

三分法 rule of thirds

藉由將被攝物置於景框三分之一處來打造平衡感，而非將其放在畫面正中央。可善用 Instagram「調整」（Adjust）功能中的網格做為輔助。

@PANYREK

保持乾淨 keep it clean

確保拍攝主體後方有乾淨的空間，以突顯主題。別懶惰——把雜亂的東西移開，或是改變自己的位置。

@DANIEL_ERNST

畫中框 framing

透過出入口或枝葉等位於前景的細節來形成畫面中的景框，藉此把觀賞者的注意力拉到拍攝主體上。

@LILYROSE

水平線和垂直線
horizontals and verticals

構圖中，若有水平或垂直延伸的線條，最好不要歪斜。請善用格線功能來裁修圖片。

@MACENZO

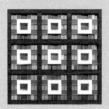

對稱 symmetry

畫面中若運用了對稱構圖，絕對會成功，屢試不爽！

@SYMMETRYBREAKFAST

負空間 negative space

所謂的負空間，即是被攝物周遭的「留白」。負空間有助於清楚勾勒出被攝物的邊緣，同時在畫面內部形成醒目而抽象的形狀。

@SERJIOS

不尋常的角度 unusual angles

使你的拍攝角度多樣化。無論是貼近地面或高高在上——讓我們見識欣賞這個世界的新方法吧！

@EDWARDKB

@NATHPARIS

Nathalie Geffroy
娜塔莉·吉孚瓦
粉絲人數：>61萬

私房推薦：
@punkodelish
@seh_gordon
@serjios

柔軟身段

在拍攝街景和建築物時，不妨試著從極低的位置拍攝，離地面愈近愈好！這麼做可以讓你的粉絲從不同於以往的視角觀賞常見景色。改變眼睛的高度，在嘗試不同角度時，你會找到以前沒發現的構圖元素。善用水坑裡的倒影，以及街道、建築物和其他物件的線條，這些線條有助於使照片更引人注目。

娜塔莉的故事

我住在巴黎，並於視覺傳達領域擔任藝術總監。我在五年前發現 Instagram 這個攝影世界，它發掘出我對攝影的熱情，也引領我進入這個充滿可愛人們的獨特社群！我是一名街頭攝影師；我喜愛捕捉日常生活的點點滴滴。對我來說，巴黎就像一座廣大的遊樂場，有著大大小小主題迥異的區域，是個充滿建築物、歷史遺跡和咖啡館的魔幻之地。

讓自己置身創意之中

若想在 Instagram 上成功，追蹤對象與打造自己的頁面一樣重要。我追蹤比我厲害的用戶，好向他們學習。持續吸收靈感有助於保持積極，同時也為之後該拍什麼、該去何方提供一些想法。另外，找尋 Instagarm 以外的靈感來源也十分重要，建議多去藝廊、書店走走，多欣賞表演，藉此沐浴在各種形式的創意之中，進而為 Instagram 注入新鮮元素。

愛德華的故事

我在 Instagram 發布後很快就下載了，並且用它來分享食物及我住處周遭的照片。不過，在我追蹤倫敦幾個非常棒的攝影師之後，心境開始起了變化。我自始至終沒想過要成為 IG 網紅，只是想當一名出色的攝影師，更從未料到自己會和品牌合作。直到 2014 年，有位 Instagram 網友邀請我參與巴伯爾（Barbour）的宣傳活動，從那之後，一切就像滾雪球一樣地發生了。

@EDWARDKB

Edward Barnieh
愛德華・巴聶
粉絲人數：> 15.5萬

私房推薦：
@samalive
@vdubl
@_visualmemories

跟著感覺走

跟隨自己無法抗拒且無害的慾望吧。我認為，當我們壓抑或阻止自己找些無傷大雅的樂子時，我們特別會感受到無聊、厭倦、寂寞……。為什麼凡事都要有目的呢？我們做的所有事情都必須要有意義？有什麼東西能讓你超級熱衷呢？找尋屬於你自己的「麵包埋臉」（breadfacing）方法，而且別只是為了獲得讚或成為網紅而那麼做。你甚至不需要拍下自己做那件事的過程。為了單純的喜悅而做吧！多多益善！這樣除了能讓自己的心情豁然開朗之外，假如恰好有人與你產生共鳴，不也是一件很棒的事嗎？

麵包臉的故事

接下來的發言，可能會讓你們失望，因為，我之所以會開始使用 Instagram，只是為了想帶給遠在他方的人歡樂。後來，我的帳號受到愈來愈多關注，起初那讓我很焦慮，所以我不太透露私事，僅有幾個非常親近的人知道我的真實身分，而這一點令人們更加好奇。很多人提供我如何攢錢和壯大事業的建議，但我不希望 Instagram 變成一件我「必須」做的事。我的確想寫更多東西，甚至是做幾件酷炫的外套，然而，現階段我僅僅熱衷於把自己的臉埋進麵包裡，然後來者不拒地收下大家送我的禮物，我只不過是想找樂子。

@BREADFACEBLOG

Bread Face
麵包臉
粉絲人數：> 8.5萬

私房推薦：
@cool3dworld
@lazymomnyc
@_monica

@SALLYMUSTANG

Sally Mustang
莎莉·瑪士坦
粉絲人數：> 24.5萬

私房推薦：
@charcoalalley
@mitchgobel_resinart
@wolfcubwolfcub

讓照片訴說千言萬語

請將社群媒體視為能夠盡情宣洩創意的舞臺，在這舞臺上以充滿想像力的方式展現自己的生活風格，進而啟發他人。於發文時，我盡可能運用全方位的創造力，無論是身體的動作、穿搭／時尚、美術作品、色彩主題，乃至創意寫作。此外，也別低估照片說明的情緒感染力，我總是在照片說明上費盡心思，因為，視覺固然重要，但我覺得粉絲是透過照片說明才真正與我產生共鳴，並且了解照片背後的故事。

莎莉的故事

身為一名藝術家、瑜伽女（yogi）、網紅（influencer），且經常性地四處漫遊，我本質上就是個冒險家，而且熱愛施展創造力。透過 Instagram，我想教大家如何保持快樂、愛大自然，我想在這個世界留下色彩，同時持續涉足多元領域。自由對我來說非常重要，我一點都不想知道「未來五年我會在做什麼？」

正面迎擊

人的注意力很容易被有秩序的構圖吸引，而 Instagram 的正方形景框正好適合展示具有水平線與垂直線的對稱畫面。於拍攝建築物正立面的時候，我們經常會由下往上拍，這種拍攝角度會導致線條因為透視效果而向內聚集，雖然沒人規定不能這麼做，但那通常會摧毀一個平面本來可能的衝擊。我用一款叫「SKRWT」的 App 來修正此類變形。右頁這張照片其實是由下往上拍攝的，但以 SKRWT 修正後完全看不出來，所有的線條是如此筆直，彷彿我是穿著噴射背包從半空中拍攝這棟建築物！

德克的故事

我發現 Instagram 的時機可謂適逢其時。當時我因為生病而丟掉工作，急需排遣創造力和精力，我申請了帳號，作為宣洩出口。我試著每天都來趟「騎車拍照行」（photocycling），除了能持續運動，也能保持創造力不至於枯竭。由於我的平面設計背景，我熱愛捕捉城市裡的線條，我發覺拍攝建築物和平面設計有著諸多共通點，它們都關乎形狀、形體、布局、圖案，以及元素的結合。我是創立 @SEEMYCITY 的一員，而現在又多了「網紅」的身分，因而有機會去許多以前可望而不可及的地方旅行。我非常感激 Instagram 讓我重回人生軌道。

@MACENZO

Dirk Bakker
德克・巴克
粉絲人數：> 37.5萬

私房推薦：
@cimkedi
@cityzen63
@serjios

Instagram特效

保持發布內容的一致性，是改善視覺風格的關鍵。以下是幾個 Instagram 基本特效的簡介，按下「編輯」（Edit）按鈕即可找到這些功能。無論如何，於修圖時請務必牢記：少即是多！

調整 adjust

裁切、旋轉影像。輕點網格即能顯示參考線，可用來校正畫面中的線條。

亮度 brightness

能改變影像明暗的便捷功能。它能帶來的加分效果很少，能不使用最好。

對比 contrast

能改變影像明暗對比的便捷功能，可使亮部更亮，陰影更暗，能不使用最好。

結構 structure

此功能讓照片中的細節和紋理更清晰，不過，請少量使用，否則照片會變得有點……粗劣。

暖色調節 warmth

利用滑桿調整色溫，使整張照片更接近暖色調或冷色調。只需略為調整就有卓越效果。

飽和度 saturation

用於增加或減少色彩的強度。可以善用它來把照片變成黑白影像——但切勿使彩色影像的飽和度過高。

顏色 color

為陰影或亮部增添色彩的方法之一。但有可能使照片顯得粗陋。

淡化 fade

此功能會在照片上覆蓋一層「薄霧」，使照片顯得較為柔和。

亮部 highlights

用於增加亮部的亮度，是優於「對比」功能的替代方案。

陰影 shadows

用於使陰影更暗，同樣是優於「對比」功能的替代方案。

暈映 vignette

滑動滑桿會在照片的邊緣增加少量的陰影，有助於突顯中央區域。

銳化 sharpen

建議在修圖的最後步驟，套用少量的銳化特效，能微妙地增進照片顯示於智慧型手機上時的細緻度。

修圖App

儘管 Instagram 有提供編輯工具，但它們仍無法媲美各式各樣的第三方修圖 App。可供選擇的 App 琳瑯滿目，其中以下列幾個 App 最受本書的 Instagram 達人喜愛。

VSCO

VSCO 可以說是最棒的修圖 App 之一。擁有齊全的工具、底片風的濾鏡，以及操作順手的介面，能更輕而易舉地琢磨出叫人驚豔的照片。其編輯功能使用起來也非常順手。

Darkroom

這可以說是最接近電腦修圖軟體的手機 App。假如你想完全掌控影像的呈現方式，Darkroom 會是非常棒的選擇。

PicTapGo

PicTapGo 擁有豐富的柔光鏡和特效可供選擇，每一種皆乾淨且細膩。不僅包含其他 App 提供的基本編輯功能，還能夠藉由層疊多種濾鏡來改善光線及調整每個濾鏡的強度。

Snapseed

Snapseed 是智慧型手機專用的照片編輯始祖之一。它提供大量的修圖訣竅和技巧，所以在發文前，你可能需要先練習一番，不過別擔心，網路上有許多教學可供參考。

SKRWT

SKRWT 深受建築攝影師所愛，它是線上最優秀的視角編修 App 之一，除了有助於修正鏡頭造成的變形及透視效果之外，也能夠用於微調角度。SKRWT 十分容易操作，常能派上用場。

Cortex Camera

若你在光線不足的地方拍照，Cortex Camera 就是你的良伴。它能同時拍攝多張不同曝光程度的照片，並將它們層層相疊。不同於其他 App，它可以直接用來拍照，也很簡便。還可以把照片匯出至其他 App 做進一步編輯。

熱情連發

要拍下我女兒的身影不是件簡單的事，她就像是由色彩和混亂組成的旋風，不可能哄騙她好好擺姿勢，所以，我把我的 iPhone 設定成連拍模式（Burst Mode），讓她恣意奔跑，同時留意魔幻時刻的來臨。這是拍攝移動物體的好方法——重點就是盡可能去捕捉，抓到想要的畫面。如同其他攝影師，我有時候需要稍作修圖，例如移除背景可能分散注意力的雜物。對我來說，記錄女兒的美好童年勝過一切。

莎拉的故事

我懷第一胎時，在 Instagram 上發起「一天一照片」的活動來抒發創意。攝影一直都是我的嗜好，但我那時候完全沒有時間精力把玩我的數位單眼相機，而用 iPhone 拍照恰好符合所需。在我掌握竅門後，追隨者就開始迅速增加，數個月後，我已經擁有約 3 萬 5 千名粉絲。三年後，我辭去國民保健署（NHS, National Health Service）的工作，現在的身分是自由攝影師、iPhone 攝影師和作家。這是我夢寐以求的職業，多虧我的 Instagram 粉絲和朋友，假如沒有他們的支持，我不會有自信或機會去實現它。

@ME_AND_ORLA

Sara Tasker
莎拉・塔斯克
粉絲人數：> 13 萬

私房推薦：
@mimi_brune
@rrrroza
@searchingfortomorrow

@KIKI_KOLENBET

Ekaterina Kolenbet
葉卡捷琳娜·柯連伯特
粉絲人數：>7萬

私房推薦：
@chriscreature
@mimielashiry
@zarinakay_

述說真實故事

Instagram 限時動態是表達真實情緒及真實體驗的絕佳管道。放心隨波逐流且盡情享受吧！善用限時動態來捕捉真實的一刻。Instagram 上有太多過於完美的帳號，其實，大家終究會厭倦於老是看到別人的「完美人生」。展現真實自我，但務必拿捏分寸。請記得，你的限時動態也是你 Instagram 形象的延伸，所以，限時動態應當鼓舞人心且正面，切勿發表任何你可能後悔莫及的內容，尤其是當你想要吸引品牌注意。

葉卡捷琳娜的故事

我在烏茲別克的塔什干出生、成長，在當地拿到經濟學士的學位。我一直都對各種形式的「自我表現」有興趣，例如藝術、時尚和攝影。我移居泰國尋求嶄新的開始，並決定將一切賭在創作這條路上。我在曼谷花三年的時間攻讀服裝設計，接著搬去義大利，我的個人風格和調性也就是在那裡定型的。我目前住在紐約，用數位相機拍攝，也使用傳統底片。

@OVUNNO

Oliver Vegas
奧利弗・維加斯
粉絲人數：> 41萬

私房推薦:
@marcogrob
@danrubin
@dave.krugman

身入其鏡

我總是設法讓觀賞者覺得自己很容易進入我照片中的世界，而在拍攝時，把我身體的一部分拍進去有助於達到此目的。這麼做好比是讓觀賞者附身，他們便可以透過我的雙眼觀看，無論拍攝的場景距離他們有多遠，都能令他們感受到我當下的情緒。

奧利弗的故事

我從 2011 年開始，就在 Instagram 發文了。我用它分享旅程，帳號也一點一點成長。人家喜歡看我觀賞事物的角度，因為那能夠帶他們通往他方，切身體會我在拍照當下的感受。我的帳號讓我擁有更多工作機會，可以參訪許多沒去過的地方、認識新朋友。而若你問我 Instagram 對我來說是什麼樣的東西，我會說，它鼓勵我去捕捉、去感受，然後傳達給大家。

完美平拍

想要打造受大眾喜愛的照片，採用「平拍法」（flat lay）不失為一種保險的方式。拍出美麗平拍照的關鍵，就是將拍攝主題置於自然光充足的窗戶附近！此外，請找尋與拍攝主題相襯且面積夠大的表面來擺放物品。務必謹慎思量構圖，並且留意各個元素之間的空隙，思考它們是否需要相互重疊或分開。使你的手機完全呈水平，一丁點傾斜都不可以。若你使用智慧型手機拍攝，「網格」是不錯的輔助工具。

哈爾的故事

我於四年前下載 Instagram 時，完全沒想到它竟會激發我對攝影的熱情，甚至還讓我有機會認識一群極出色的人。我是一位攝影師，也是插畫家，在 Instagram 頁面分享自己的作品並得到回饋，是我持續發文及盡情展現自我的動力。無論是欣賞 @ALICE_GAO 的早餐平拍照，或是因 @VISUALMEMORIES_ 而撩動我想漫遊紐約的心，Instagram 日復一日地驅使我去旅行、享受美食，以及攝影。

@HAL_ELLIS_DAVIS

Hal Ellis Davis
哈爾・埃利斯・戴維斯
粉絲人數：> 5.5 萬

私房推薦:
@emmajanekepley
@_janekim
@milenamallory

@ALADYINLONDON

Julie Falconer
茱莉·法爾肯納
粉絲人數：> 10萬

私房推薦：
@candidsbyjo
@urbanpixxels
@jessonthames

呈現你的城市

假如你的 Instagram 主題是你所在的城市，記得用豐富多變的題材來呈現它。以我的頁面為例，雖然大家都喜歡「大笨鐘」（Big Ben）的照片，然而，吸引最多互動的，通常是呈現倫敦小巷弄和小細節等一些較為出人意表的作品。若能讓觀賞者感覺自己看見了某座城市新的一面，無論那座城市是他們所熟悉的，或其他更具異國風情的地方，都會促使他們想繼續追蹤你，並給予互動。

茱莉的故事

我來自舊金山，於 2007 年移居倫敦，並開始寫部落格：「A Lady in London」（旅居倫敦的女子）。後來，一個朋友推薦我使用 Instagram，還說我一定會愛上它，而確實如此。Instagram 讓我更想多出去走走，多探索倫敦和這個世界，然後拍下我喜愛的地方。能收到粉絲的即時回饋真的是件非常鼓舞人心的事，不僅如此，得以發掘並認識其他跟我一樣對倫敦和旅遊懷抱熱情的人，更是不可思議。從 2010 年開始，我的部落格就是我的全職工作，由於這份工作，我旅行過的國家已經超過一百個，我也在 Instagram 上分享許多旅遊照片。

該不該加主題標籤

「To hashtag or not to hashtag」，這並不是什麼哈姆雷特式的人生大哉問，但對希望成為 IG 網紅的用戶來說，這可是棘手的大問題。主題標籤一方面有助於你躋身名人殿堂，另一方面卻可能也是讓你無翻身之地的原因。

關閉隱私設定（privacy）

首先，確保你的帳號未設成私人（不公開）帳號。倘若設成不公開，主題標籤也就毫無意義，因為只有追蹤你的人才看得到。

慎選主題標籤

主題標籤不是為了觸及最多的觀眾，而是為了觸及目標觀眾。假設你住在倫敦霍克斯頓（Hoxton）的文青聚集地，加上主題標籤 #LONDON 會讓你立即收到讚，但這沒有太大意義，因為「London」這個主題範圍太廣了。加上 #HOXTON、#OLDSTREET（老街）或確切地點 #THEHOXTON，則會吸引志趣相投的用戶來與你互動，照片的曝光時間也會因而拉長，因為它們會出現在數量較少、相關度較高的影像群組中。

節制使用

一般來說，精選一到兩個主題標籤就已足夠。的確，加上的主題標籤愈多，所能收到的讚也可能愈多，然而，大家會發現那些讚是來自於主題標籤，而不是因為大家真的對你的貼文有興趣。此外，大量的主題標籤會使你看起來有些過於渴望關注，若所有主題標籤的範圍皆不夠明確時更是如此。

別總是在意料之中

避免在所有貼文都複製貼上同一套通用的主題標籤。這麼做只會導致你的影像永遠只出現在同一組影像群組中，而無法向外拓展粉絲群。一直使用相同的主題標籤也會讓人覺得你其實對自己的照片沒什麼感覺，那他們又為什麼要對你的照片付出情感呢？

眼觀四方

主題標籤的熱門程度起起落落。使用新興主題標籤是不錯的選擇，它讓你看起來更像先驅而非從眾者。假如你帳號的主題非常明確，記得隨時留意其他相關的主題標籤，並設法掌握其使用時機。

分散風險

請考量如何為單一貼文選用多個主題標籤,譬如挑選三個相關的標籤,一個非常熱門,一個還算熱門,一個十分冷門,如此一來,就可以涵蓋所有主要群體,你的貼文不僅會受惠於最初湧入的大量關注,壽命也能稍微延長一些。

使主題標籤不那麼顯眼

照片說明能夠撩動情緒,當內容是該照片背後的經歷或故事時更是如此。主題標籤則比較偏重功能性,而且不甚美觀。因此,與其使把它們放在照片說明中,不如將其列在留言裡。這麼一來,它們就會隨著留言數增加而「消失」。

發揮創意

將照片中的題材列作主題標籤,是最司空見慣的作法,例如 #SEA(海)。然而,你也可以選用一些跟照片氣氛相關的情緒標籤,這也是為什麼 #FOLLOWME(追蹤我)會崛起的原因之一,因為它反映出一種態度或感受,而非其他顯而易見的東西。

自創主題標籤

假如你正在自己的頁面進行某個企劃或次主題,建議自創主題標籤,藉此讓粉絲能快速篩選出該內容;@SEJKKO(請見第 108 頁)即因此自創了 #SEJKKO_LONELYHOUSE 這個主題標籤。倘若你的主題標籤極能引發情緒共鳴,你會發現開始有其他人把它用在自己的貼文中。在這種情況下,不妨將那個主題標籤列在你的個人簡介中,好讓大家知道你是創始人。

參與官方週末主題標籤企劃(Weekend Hashtag Project)

別忘了 Instagram 在每個週末都會進行他們自己的主題標籤企劃,這是可以與更多粉絲互動的大好機會——你甚至可能被 Instagram 總部相中而成為推薦用戶。

時尚穿搭的正面全身照

要拍出優秀的全身照，「人物」並非唯一主角。請好好思考背景，以及該怎麼用背景的色彩和圖樣來襯托衣服。儘管乾淨的素色背景可以突顯衣服，但是磚牆或花草樹木更有助於強調布料和色調。我會避免在刺眼的陽光下拍攝，因為它不僅會使對比過於強烈，也會使膚質顯得不佳。牆面光線柔和，沒有直射陽光，是比較好的選擇。擺姿勢的時候，不妨藉由凝視鏡頭來展現態度，亦或透過看向鏡頭外來營造街拍風格。最後，請時時留意生活周遭，以開發更多有趣的背景。

@GABIFRESH

Gabi Gregg
加比・格雷格
粉絲人數：> 40萬

私房推薦：
@theashleygraham
@nadiaaboulhosn
@misslionhunter

加比的故事

我在 2008 年建立部落格 gabifresh.com，由於我對時尚新聞產業很有興趣，但是沒有任何經驗，所以我決定透過部落格來展現我的寫作技巧及對時尚的熱愛。後來，我於 2011 年建立 Instagram 帳號，如今，這兩個平臺都已變身成我的個人穿搭部落格。我想，我的人氣來自於我給出的時尚建議──基本上就是「請無視時尚法則！」此外，也因為鮮少有人為尺寸在 14 號以上的年輕時髦女性代言，而我恰巧填補了這個空缺。

營造喘息空間

儘管 Instagram 現在開放了不同的影像比例，但我仍然覺得「邊框」（border）是既獨特又強大的東西。邊框使每個影像擁有更多空間，且因而獲得更多注意力。不過，邊框很容易使動態頁面顯得有些雜亂，所以，推薦你使用名為 Whitagram 的 App。建議只採用標準比例或固定長寬比，藉此打造頁面中的秩序。我也會視情況決定發表橫向照片或直向照片，我喜歡使動態頁面更顯整潔，也更具視覺衝擊性。

妮可的故事

我在 Instagram 一推出就開始使用了。當時，用 iPhone 拍照剛開始成為我的日常，而我非常開心有這麼簡單的方式可以發表和分享照片。我利用 Instagram 追蹤志同道合的藝術家和品牌。最初，我的帳號僅是循序漸進地成長，但後來 Instagram 將我選為推薦用戶，而且經常在官方部落格介紹我的照片，我的粉絲人數也就隨之暴增。至今，我已經有與幾個品牌和觀光局合作的經驗。

@NICOLE_FRANZEN

Nicole Franzen
妮可・弗蘭臣
粉絲人數：> 19.5萬

私房推薦：
@jaredchambers
@salvalopez
@schonnemann

@KATIA_MI

Ekaterina Mishchenkova
葉卡捷琳娜·密斯臣科法
粉絲人數：> 54.5萬

私房推薦：
@anasbarros
@audiosoup
@civilking

說粉絲的語言 —— 字面上的意思

如果英文不是你的母語，那麼，想清楚要在 Instagram 使用什麼語言非常重要。我的粉絲能了解的兩種主要語言是英文和俄文，這也是為什麼我的照片說明會有這兩個語言的版本。若大家不懂你在說什麼，就很難得到他們的愛，也就很難獲得更多粉絲！若你想擁有來自世界各地的粉絲及吸引全球性品牌，這一點尤其重要。

葉卡捷琳娜的故事

我是一位藝術總監兼社群媒體策略專家。我於 2012 年開設第一個帳號 @KATIA_MI，專門用來分享藝術和一些概念。一段時間之後，我又開設了另一個帳號 @KATIA_MI_，這個帳號則是專注在旅遊和生活風格。對我來說，比起名氣，成為 IG 網紅最棒的收穫是能夠結交到世界各地的朋友。Instagram 打破國界，將熱衷於用影像說故事的人們連結在一起。

同心協力!

建立並管理成功的 Instagram 帳號，可能需要耗費龐大精力，不過，你無需單打獨鬥。不妨找些同好一起開設帳號，這樣比自己獨撐大局有趣太多了！我們三人對這個帳號都抱持相當的熱情，但是總會遇到其中一人需要暫時離開的情況，此時，其他兩人就會接下那個人的「工作」。建議用通訊軟體建立一個聊天群組，以利定期溝通。我們不太在意接下來輪到誰發文，只會去確認上一篇貼文的時間，好判斷是否是時候再發一篇，一切都運作地非常自然。

伊蒂絲、喬沙和皮恩的故事

2014 年 6 月，我們的帳號於阿姆斯特丹的一間酒吧裡誕生。那家酒吧的地板很漂亮，而我們在那裡認識皆對地板情有獨鍾的彼此。那天，我們決定將這些地板照片分享到一個共用的新開帳號，同時讓該帳號成為全球社交平臺。我們的粉絲人數幾近瘋狂地快速飆升，近來甚至還有許多知名部落客、雜誌，甚至好萊塢明星瑞絲・薇斯朋（Reese Witherspoon）等名人標註或提及我們。我們經歷許多高峰，但最棒的成就，是在開設帳號 15 個月後，就擁有超過 50 萬名粉絲。

**@IHAVETHISTHING
WITHFLOORS**

Edith, Josha and Pien
伊蒂絲、喬沙、皮恩
粉絲人數：> 72 萬

私房推薦：
@ad_magazine
@jean_jullien
@mariestellamaris_official

@KITKAT_CH

Martina Bisaz
瑪蒂娜·畢撒茲
粉絲人數：> 20.5萬

私房推薦：
@brahmino
@daniel_ernst
@ravivora

你在哪？

地理標籤（geotag）是讓貼文長時間收到互動的最佳方法之一。我在旅行的時候，會利用地理標籤建立類似日記的東西，以記住自己曾到訪的地方。另外，若有人用地點來搜尋，地理標籤也能增加照片被找到的機率。即使是在平時居住的近鄰社區，運用地理標籤同樣可以幫助你吸引在地粉絲。除此之外，地理標籤記錄著一個地方的歷史變遷，而你的標註也可以為其出一份力。

瑪蒂娜的故事

我出生並成長於美麗的瑞士阿爾卑斯山脈，大自然和群山在我生命中的份量舉足輕重。然而，由於我在考古機構工作，已經搬到蘇黎世長達十年之久。我非常喜愛經典老爺車，這應該是我們畢撒茲家族的特色吧！我絕對不會錯過週末回山上老家的機會——開著我美麗的老爺車，我總是一有空檔就出發。自從我進入Instagram 的世界，攝影成了我在老爺車和旅行之外的第三最愛，它還能為我的另外兩個最愛留下紀錄。

快速增加粉絲人數的捷徑：血淋淋的事實

沒錯，你的確需要學習如何拍出漂亮的照片，還要親切對待你的 Instagram 網友，然而，光是這樣並不能幫助你登上高峰，以下數據就是最好的證明。

12.6%

36%

38%

包含至少一個主題標籤的貼文能提升12.6%互動率。

照片比影片多出36%互動率。

有人或人臉的照片能收到比其他種類照片多38%的讚數。

56%

在貼文中提及其他用戶的用戶名稱能提升56%互動率。

79%

為貼文標上地理標籤能能提升79%互動率。

拍下感覺

捕捉特定的氣氛或情感，並且使其在每張照片之間保持一致，效果可媲美堅持只拍風景、美食等特定主題。人們會因為你的動態所賦予的感受而追蹤你，那份感受也許能讓他們在辛苦一天後獲得療癒，或是幫助他們在早晨做好一天的心理準備。我拍攝花朵、實物、風景、靜物及飾品，這些題材彼此差別甚大，但是我利用打光、曝光、對焦和構圖等手法來營造整體感。此外，除了手機，我也使用各種不同的相機來工作，有時我甚至會拍攝影片。

尚美的故事

我的本職是藥師，但我熱愛攝影。我在 2010 年 10 月建立帳號，想要拍下我對自然光的愛，也想捕捉遇見大自然的美麗時刻。我覺得自己的頁面風格很日本，但是在我的粉絲中，僅有十分之一來自日本，這也是為什麼我如此喜愛 Instagram，它將我和來自世界各地不同文化背景的人連結在一起。

@NAO1223

Naomi Okunaka
奧中尚美
粉絲人數：> 28 萬

私房推薦：
@wagnus
@utopiano

@NALA_CAT

Varisiri Methachittiphan
(Nala' s mummy)
瓦律絲律·湄他莒潘
（Nala 的媽媽）
粉絲人數：> 300萬

私房推薦:
@catsofinstagram
@cats_of_instagram
@white_coffee_cat_

肉球的叮嚀

在我的頁面上，媽咪放在我身上拍照的道具也十分受歡迎。儘管媽咪每次都跟我說喵星人戴鯊魚帽是件很正常的事，但我還是不太相信她。不過，現在我不覺得有什麼不對了，因為我已經對擺拍很熟練，而且也喜歡美美的照片。但是我還是想跟大家說，假如你想要在寵物身上放道具或任何物品，一定要確認牠們戴起來自在。我有些朋友跟我說，雖然牠們承認我的帽子很可愛，可是仍然不想把東西放在自己頭上，牠們比較喜歡帥帥的領結，而且也覺得聖誕樹乖乖待在背景就好。

Nala的故事

喵——大家好！我的名字是 Nala，是隻暹羅混虎斑的母貓。我今年大概 6 歲吧，我不是很確定自己到底什麼時候出生。媽咪在 2010 年的 11 月從動物收容所領養我，當時我大約五個月大，所以我想我應該是 6 月出生的吧。我也不太清楚被丟在收容所的原因，但他們說我原本的家有太多貓了。我希望在收容所的朋友們都能像我一樣過得不錯，而且也跟新家庭相處得開心。在我 Instagram 留言的人說，我總是能讓他們在情緒低落的時候重新打起精神，所以他們很喜歡我的頁面。我想，這應該就是為什麼我有這麼多粉絲吧。

等待適合的光線

我認為攝影的重點在於述說故事和捕捉重要片刻，這也是為什麼利用自然光、在一天中的特定時間拍照如此重要。請運用光線傳達照片的氣氛，我總是被早晨和剛進入傍晚時的金色光線深深吸引，此時的光線散發柔和氣息，溫暖的色調讓萬物耀眼而奪目。然而，我們無法控制陽光，所以需要好好做計畫。事先規劃你想拍的照片，然後耐心等待合適的光線到來。如此一來，一切都會變得不一樣。

愛蜜莉的故事

我是個來自澳洲東岸的攝影師、說書人及漫遊者。我的攝影作品是以自然光和懷舊氛圍為基礎，我希望能透過照片來蒐集美麗片刻和述說故事。Instagram 對我的事業和生活皆有正面且巨大的影響，它賜予我許多全新的機會，讓我能夠從世界各地集結和發展自己的創意社群。

@HELLOEMILIE

Emilie Ristevski
愛蜜莉・莉絲特夫斯基
粉絲人數: > 72萬

私房推薦:
@alexstrohl
@lilyrose
@sejkko

@DANIEL_ERNST

Daniel Ernst
丹尼爾·恩斯特
粉絲人數：> 24.5萬

私房推薦：
@everchanginghorizon
@hannes_becker
@samuelelkins

當個有親和力的人

若你快速瀏覽我的動態頁面，就會注意到，我的照片大多有人物入鏡。我總盡量在構圖中安排一個人，一方面是為了呈現畫面中風景的比例，一方面是為了讓觀賞者想像自己在畫面裡。這麼做還能自然巧妙地為裝備和服裝品牌打廣告。在獨自旅行的時候，你可以自己當模特兒，不過，三腳架和遙控器就會是必備道具。如此一來，你還能順帶獲得一張美好的自拍照！

丹尼爾的故事

我是以德國為根據地的冒險／旅遊攝影師，隨時隨地都在尋找完美瞬間。我的動態頁面反映出熱情所在：戶外生活風格及冒險精神。我想鼓勵人們遠離日常，走出戶外，好好探索及體驗大自然。我一直把 Instagram 當作與人連結的工具，而不是刷存在感的地方。現在我的目的依舊沒變，只不過，Instagram 又多提供了我與品牌連結的機會。

聰明管理帳號

@KIM.OU

Kim Leuenberger
金‧勞恩伯格
粉絲人數：> 11.5萬

私房推薦：
@ali.horne
@josephowen
@whatalexloves

若你想在 Instagram 探索不同的主題，建議加開帳號，我就是這麼操作的。我主要帳號的內容，是最初想要經營的特色照片藝廊，另外還有個不那麼在意何時該發文、該發表什麼內容的第二帳號。對於運作成功的主要帳號而言，發文頻率可能造成很大壓力，而擁有另一個帳號，能抒緩這種壓力。快去設定選項中的「新增帳號」（Add Acount）增加一個子帳號吧。

金的故事

我來自瑞士，目前在倫敦攻讀攝影，並到處旅遊。我在 2011 年加入 Instagram，它徹底改變了我的人生。Instagram 驅使我開始注意生活周遭的美，讓我得以分享我從前未意識到的自己，還令我更富創意、更有自信。移居國外後，我的 Instagram 旅程也變得更加特別。這一切都要感謝我透過 Instagram 建立的關係及結交到的朋友。

@5FTINF

Philippa Stanton
菲莉帕·斯坦頓
粉絲人數 :> 47.5 萬

私房推薦:
@kbasta
@mcluro_o
@ncour

展現自我本色

當你的帳號成長到某種程度,勢必會吸引品牌注意。這是件很棒的事,代表你有可能因為自己的創造力而多一份收入,然而,我認為無論如何,你必須完全忠於自己的藝術堅持。當然,要拒機會於門外並不容易,但有時候,去做你覺得不對,或可能把你帶往錯誤方向的事情實在不值得。我把與品牌合作視為受委託創作藝術品:假如他們想要讓自家產品出現在你的動態頁面上,他們就必須讓你自由創作,不該有任何干涉。

菲莉帕的故事

我在皇家戲劇藝術學院(RADA, The Royal Academy of Dramatic Art)接受演員訓練,幾十年來,我將繪畫與戲劇表演結合在一起。出於好奇,我在 2011 年 2 月建立 Instagram 帳號,從來沒想過要成為 IG 網紅,也沒有刻意設定主題——它就在我遲遲未決的時候自然形成了。Instagram 就像我記錄創意的筆記本,時時伴隨在側。我最近剛決定交由數位經紀人(digital agent)為我打理合作,因為我愛創作卻不喜洽談協商,也因為身為演員的我早已習慣這種方式多年。

如何成為推薦用戶

許多本書的 Instagram 達人都是因為 Instagram 之神將它們任命為神聖的「推薦用戶」（suggested user）而聲名大噪，@INSTAGRAM 會追蹤他們的推薦用戶並為其宣傳達兩週時間。對此，Instagram 總部深藏不露，沒人知道他們評估的標準，不過他們的確有透露些許線索。根據官方發言，以下是讓 Instagram 命運之手指向你的一些方法：

「藉由分享具啟發性的原創照片及影片，將獨特觀點帶進 Instagram。」

你需要找到自己的獨特之處，並且恪守風格，然後發表真正出色的內容。請參考第 36 頁提出的構圖技巧，別用一堆濾鏡把畫面弄得很詭異，也別在你精心規劃、以撒著可可粉的卡布奇諾為主題的頁面裡，突然來一張在廁所裡的酒後自拍照。

「積極參與較大的社群，且幫助其成長。」

原則上，請真誠地回覆留言，並且在別人的動態中留下真心的言論。對其他用戶的貼文保持熱情，將他們標註在自己的貼文中，並且試著幫助他們增加粉絲。不僅如此，你何不動起來，親自舉辦一場 InstaMeet？請參考第 116 頁，看看 @PHILGONZALEZ 怎麼說。

「透過參加 @instagram 的週末主題標籤企劃等方式，激發其他網友的創造力。」

其實，只要一點點諂媚，就能讓你在 Instagram 總部暢行無阻。你可以藉由參加週末主題標籤企劃來為 Instagram 宣傳他們正在進行的活動，還可以鼓勵你的粉絲參加。建議經常瀏覽 Instagram 部落格，並且將感興趣的內容分享至你的動態。此外，不妨建立你自創的主題標籤，同時鼓勵粉絲用它，譬如 @IHAVETHISTHINGWITHFLOORS（請見第 68 頁）所創建的 #IHAVETHISTHINGWITHFLOORS。

「請牢記，我們僅會評選出遵照社群守則（Community Guidelines）的社群成員。」

這其實是常識。原則上，勿在未經同意及未註明出處的情況下張貼別人的照片，勿向其他用戶發廣告信，勿發表太過憤世嫉俗的內容，請保持態度良好，避免做有爭議的事。另外，請切記，Instagram 總部非常保守，所以，假如你要發表裸照，請如 @SALLYMUSTANG（請見第 44 頁）般保持其藝術性。

其他Instagram沒明說的話

仔細觀察大部分的推薦用戶，你就會發現 Instagram 偏好特定風格。當然，其中總會有例外，而就算 Instagram 沒有明說，還是需時時注意以下幾個要點：

別修圖修過頭

Instagram 總部喜歡自然的照片。儘管他們提供濾鏡讓你使用，他們還是不喜歡你玩過頭。編輯照片後，別急著發表，過一會兒再看它一眼。這時，請相信自己的直覺反應，假如當下覺得修太大，就再調回來一點。

保持純粹

從風格的角度來看，Instagram 總部似乎偏好自然光、對稱及乾淨的構圖，以及明亮、清新的曝光。負空間屢戰屢勝。

持續發文但別疲勞轟炸

別太久沒發文，但也切勿同時發表多張照片，這不僅會讓你的粉絲覺得厭煩，也會使 Instagram 留下不好的印象。

別顯得渴望關注

過度大量使用主題標籤，會使你看起來欲求不滿。因此，請慎選主題標籤（避免 #VSCO 或 #FOLLOWME 等過於籠統的標籤），讓 Instagram 知道你有認真思考貼文內容。

跟上時代思潮

渾然自成、能夠隨心所欲駕馭形象的時尚人士，總是很吃得開。請找出現在流行什麼，同時也試著摸索出自我風格。

小心事與願違

當你真的成為推薦用戶，那種感覺非常棒，因為你的粉絲人數會在一夕之間爆量，你會開心地想出門慶祝，說不定還會變得自命不凡，甚至取消追蹤自己的媽媽，因為她「不是品牌」。然而很快地，你的粉絲人數會開始下降，而且是飛快下降。這是正常現象，所以別太沮喪，只要繼續用更多出色的內容保持互動的熱烈程度，並且花時間與自己的新粉絲互動就可以了。

最後

你會知道自己被選為推薦用戶，因為 Instagram 總部會直接通知你。你當然也可以拒絕，不過，假如你真想那麼做，就不會讀這本書了吧？

積極發文

持續獲得新粉絲的關鍵就是必須非常活躍，大量發文，同時謹守只發表高品質照片的原則。只要發文的內容適切，你一天甚至可以發表四到五次，不過，發文時間需要確實隔開，以免粉絲被你洗版。發文的數量愈多，給你讚的粉絲也會愈多，而那些粉絲的粉絲也許因此注意到你的貼文和動態，說不定還會進一步來追蹤你。另外，若在別人的動態上看到你喜歡的照片，也別忘了按讚和留言！

約翰的故事

我來自比利時，是名無師自通的旅遊攝影師，對野地和戶外懷抱著滿腔熱情。2013 年底，我離開歐洲，花了兩年時間探索澳洲和紐西蘭。當時，除了當個四處探險的背包客之外，我沒有其他目標，然而有一天，@NATGEOTRAVEL 和 @AUSTRALIA 開始轉發我的照片，一切變得不再只是玩玩，大家也開始追蹤我。之後，我的照片還陸續被刊載於《National Geographic Traveler》、《Daily Mail》、BuzzFeed 網站、Mashable 網站、《Outside Magazine》及《Business Insider》等媒體。

@LEBACKPACKER

Johan Lolos
約翰・洛珞
粉絲人數：> 33 萬

私房推薦：
@alexstrohl
@fursty
@markclinton

@LILYROSE

Lily Rose
莉莉·蘿絲
粉絲人數：> 22.5萬

私房推薦：
@benjaminheath
@elizabethgilmore
@helloemilie

與粉絲交朋友

別害怕在現實生活中與其他 Instagrammer 碰面。可以藉由主辦 InstaMeet 來聯繫與你熱衷相同事物的網友，那個社群真是棒極了！我最要好的朋友大多是透過 Instagram 認識的，這也是為什麼我如此熱愛 Instagram，它跳脫社群媒體的框架，將人們在現實中聚在一起。與志趣相投的 Instagrammer 碰面能夠激勵自己更認真工作，並且持續相信夢想。

莉莉的故事

五年前，我為了環遊世界而辭去工作。在經歷遍遊海外的美妙時光之後，返回法國的過程中我感到非常沮喪，然後，這個妙不可言的新 App 出現了，徹底轉移我的注意力。我因而發覺對攝影的熱情，並且愛上分享自己拍攝的照片。我原本是個配鏡師，如今卻成了旅遊及生活風格攝影師，真是太瘋狂了，我到現在還是難以置信！

打造家庭工作室

我的攝影作品大多是在自家的室內拍攝。我家裡有一面白牆，可當作背景，再加上充足的自然光，就是很讚的攝影棚，能夠拍出專業感的極簡裝置藝術。我很幸運地擁有大片窗戶，而其座向，決定了光線在一天之中哪個時段是最美好的。以我的窗戶為例，它從早上到午後的光線最好，而且有助於使所有照片呈現整體感。我把一大塊白板擺在那扇窗戶正前方，藉此減少、柔化陰影。

帕恰雅的故事

出於好奇，我於 2012 年開始使用 Instagram，一開始我不是非常活躍，對於攝影的方式也沒什麼計畫，不過，我在平面設計上的背景或多或少影響著我作品的風格。一路走來，我逐漸發現自己很喜愛拍攝日常生活中的事物，當自己的作品能夠娛樂大家，而且以某種形式成了他們日常生活的一部分，那種感覺真的很棒。我有兩個幼兒，他們也是我重要的靈感來源，在我們家，Instagram 不僅是我們的日常，還是聊天時的主要話題之一。

@PCHYBURRS

Peechaya Burroughs
帕恰雅・伯珞
粉絲人數：> 9.5 萬

@CUCINADIGITALE

Nicolee Drake
妮可蕾·德瑞克
粉絲人數：> 55.5萬

私房推薦：
@palomaparrot
@piluro
@samhorine

在正確的時間發文

我認為隨著自己正常的生活步調發文非常重要。我沒有嚴格的發文時間表，但是會盡量有意識地在自己的社群大量上線時發文，並與其互動。你的主要觀眾群位於世界哪個角落？他們的日常作息又是怎麼樣？從這兩點切入即可有效地掌握發文時間。多數人會在起床時和睡前瀏覽他們的首頁，所以，對我來說，當我於目前所在的歐洲傍晚時分發文，同時也在向我美國家鄉的社群說早安。

妮可蕾的故事

我是想說故事給大家聽的加州女孩。2009 年我移居到羅馬，於 2011 年下載 Instagram，並將其當作探索和認識羅馬的工具。一開始，我只是想和美國的朋友和家人分享經歷，認為 Instagram 是個合適的媒介，不過，後來 Instagram 轉變成如今這個令我愛不釋手、無可比擬的創作園地。羅馬有如電影般的氣氛、日常，以及在城裡隨處可見的美式元素，日復一日賜予我無限靈感。我擁有藝術創作碩士（MFA, Master of Fine Arts）學位，主修新媒體（new media），而現在，在羅馬備受歡迎的腳踏車、Chuck Taylors 帆布鞋，還有生動的義式手勢也都成了我的最愛。

@THESALTYBLONDE

Halley Elefante
海莉‧伊莉芳堤
粉絲人數：> 31.5萬

私房推薦：
@flynnskye
@h0tgirlseatingpizza
@folkrebellion

做自己

我相信為人親切真誠，絕對會對自己有所助益。得失心太重，老是營造假象，發文終究會變成例行公事。此外，請保持獨創性，Instagram 已經非常飽和了，所以你需要引人注目，使自己脫穎而出。我毒舌又愛挖苦人，熱愛衣服和啤酒，這些就是你會在我頁面上看到的東西。做自己讓日子變得簡單多了！要記住，沒有人是完美的（完美超無聊），所以你無需把自己的頁面編輯成假惺惺的模樣。我們使用 Instagram 的目的不是讓其他人自慚形穢，而是要鼓舞他們。

海莉的故事

2014 年 3 月，在我和未婚夫從紐約搬到歐胡島（Oahu）後，建立了我的帳號。那時候我是名調酒師，在這個瘋狂的冒險之前，我已謹守那份工作長達十年。當時的我很窮，僅能利用既有衣物穿出時尚，在我原本的紐約風格中注入新的海洋元素，並努力使照片說明開朗又有趣。不知不覺中，我開始受到矚目，我這才發現自己有多麼喜愛 Instagram。恰好一年後，我的帳號成長到足以讓我辭去工作。我不僅因此獲得許多美好的機會，還去到好多從未想過此生能夠探訪的地方。即便現在，我仍然會時不時捏捏自己，好確認這一切不是一場夢。

獨樹一格

在 Instagram 上，你必須真實面對自己，以及自己喜愛的事物，一定會有人欣賞這樣的你。與眾不同沒什麼不好，例如，我想以幽默的方式為有錢人的喜與憂下註解，同時也想喚起大家對喵星人貧富差距問題的注意，而 @CASHCATS 即是這些目的之下的產物。內容看似可笑，但卻能為貓咪慈善募得不少資金。那麼，你關心的是什麼呢？你該如何運用 Instagram 來改善現況呢？

威爾的故事

Cashcats 是全球高淨值喵星人的 VIP 室。我於 2011 年 1 月推出網站 Cashcats.biz，目前已經有來自全世界超過 5,000 人上傳他們的照片，這項企劃之中，最有趣的部分是它帶出了國際觀。透過包羅萬象的藝術展及商品銷售，我的粉絲已經為全美動物慈善機構籌得總計超過 11.5 萬美元的善款。

@CASHCATS

Will Zweigart
威爾・哲懷格特
粉絲人數：> 14.5 萬

私房推薦：
@fugazi_cat
@meowquarterly
@princesscheeto

錢、錢、錢

現在，讓我們直接進入正題。如何建立一個能夠吸引品牌注意的帳號？實際進行的交易有哪些？能夠獲得多少收入？以下由時裝公司龍頭的行銷經理妮雅·佩吉薩克（Nia Pejsak）為我們解答，揭開 Instagram 最神祕的一面。

滿懷抱負的 Instagrammer該如何增加品牌前來洽談的機會？

品牌要尋找的是能夠引起目標市場共鳴的人，以時尚產業為例，那個人應當對該品牌的特定風格及生活價值觀瞭若指掌。請確保你的粉絲能夠多多少少窺見你的真實世界，因為品牌十分重視這種親密感。我建議整理一張品牌清單，並且在帳號成長的同時，隨時思考自己所呈現的生活風格是否符合那些品牌所重視的精神。

別忘了將你專攻領域以外的品牌也考量進來。譬如，獨特的食物帳號可能吸引到時尚和旅遊品牌的注意，因為對他們來說，無論是要將產品曝光給新受眾，或是強調他們寬廣的生活價值，選擇跨領域的帳號都是非常有效的方法。

在成為「網紅」之前，需要累積對少粉絲？

大家很容易糾結在粉絲人數，不過，從品牌的角度來看，互動熱烈程度或許更重要。當粉絲看見新貼文，他們僅是快速滑過，還是會按讚或留言？假如他們選擇留言，又會留下什麼內容？譬如，有個泳裝模特兒的粉絲人數高達上百萬，但當你去看她貼文下的留言，發現留言者多是色瞇瞇的男性，比起泳裝本身，他們對泳裝下的肉體更感興趣！這表示在逾百萬的粉絲中，非目標族群占很大一部分，因此，泳裝品牌最好轉而去和另一個帳號合作，儘管別的帳號粉絲較少，但如果那些粉絲都是喜愛時尚的女孩，才是對品牌有利的。

決定 Instagrammer收費金額的因素有哪些？

簡單計算按讚數和留言數相對於追蹤人數的比例等，皆是用以分析自己與其他相似帳號之「貼文平均互動熱烈度」的有效方法。品牌也會評估該數據，因為那反映出一個粉絲人數眾多的 Instagrammer 是否具備實際影響力。此外，你也需要考量品牌期望的貼文數量，它們究竟是只出現在 Instagram，還是包含其他社群平臺；那是該客戶的獨家貼文，還是他們必須與其他品牌分享；你是否需要自創內容，還是可以使用既有影像。許多頂尖 Instagram 網紅都是部落客起家，因此他們

有辦法提供包含部落格發文的合作方案。另一個客戶常考慮的，是貼文的使用靈活度——你提供的內容是否可供該品牌轉發至他們自己的通路？你是否願意提供當次拍攝的所有照片，供他們於官網上銷售產品？這些都能成為附加價值。

現行費率究竟是多少？

一旦你的粉絲達到不錯的數量之後，你就可以開始收費，不過，千萬別動花錢找人追蹤你的歪腦筋，因為這樣會導致你的互動熱烈度低，品牌也會馬上看穿你的伎倆。原則上，粉絲人數達到數十萬人且互動熱烈的 Instagrammer，每則貼文通常可以收取約 500 至 1,000 美元。接管帳號（takeover）則可以賺取 2,000 到 10,000 美元，金額取決於你接管的時間長短和貼文則數。若簽下整個宣傳活動的合約，包含廣告、店頭形象照，以及該宣傳活動期間約定數量的貼文，則可賺取 20,000 至 30,000 美元左右。市面上還有許多不同的合作方式，有些還可抽取產品銷售佣金。通常是代言才會有佣金，最多有可能達到總銷售量的一成。

你會建議聘請經紀人嗎？

當然。最重要的是，他們早已和品牌建立好關係，你可以善用那份資源。經紀人能夠幫助你爭取到更好的條件，還能讓你搭上同經紀公司大咖網紅的順風車，進而加快履歷拓展的速度。經紀公司有所謂的「超值」方案，亦即提供予品牌的方案是由頂尖網紅負責發文，然後附加一些「免費」曝光機會，來帶小咖所發表的內容。

還有其他忠告要給所有胸懷大志的 Instagrammer 嗎？

請保持平易近人的良好態度。Instagram 是個擁擠的空間，所以，用你的真誠引人注目吧。照片說明應當精簡又吸睛。你的照片說明所蘊藏的個性或調性是什麼？是嚴肅、友善、有趣，還是大膽放肆？請設法助長互動！你可以提出問題，透過留言與觀眾互動，以及在網友的頁面上按讚及留言。請將 Instagram 視為一個社群，而非戰場。你可以發表會引起觀眾共鳴並標註其友人的內容，藉此觸及更廣大的人群。你還可以透過與其他網紅合作來增加曝光度，你們雙方都將因此獲得不同族群的觀眾。請相信統計數據而非感覺，藉由隨時留意數字來了解你的貼文是否獲得最大互動，品牌會希望你提供一份統計報告，概述分析帳號的賣點。

妮雅曾經擔任多個品牌的時尚行銷管理，包括有 Mulberry、Lacoste、Minkpink 及購物網站 Net-a-Porter，目前在倫敦時尚學院（London College of Fashion）攻讀碩士學位。

@NIAPEJSAK

注入人情味

千萬別低估照片情境的威力。我拍攝的大多是建築物，但是我的照片之所以能夠感染廣大觀眾，應該是因為我喜歡拍下某個動態瞬間，例如倉促穿過一個空間的人、水漥裡映照出的我的手、飛翔中的鳥，或是光線的改變。比起僅呆板呈現一個地方的樣貌，這些元素更能激發觀賞者的想像。這些元素有助於引起人們對畫面中空間的好感，因為它們瞬間讓該地方多了些人情味。

孥諾的故事

我於 2012 年 3 月開始在 Instagram 分享照片，做為逃離建築師身分的出口。當時我失去對建築的創造力，所以攝影成了我工作的延伸，同時也是記錄自己日常想法和生活周遭的方法。我們對一個城市或地方的認知與見解，深深地受到建築物的影響，因此塑造並揭開建築物的一切可能性，漸漸成為我帳號的主題。現今，建築和攝影之間的關係也十分有趣，兩者幾乎是相互依存，缺一不可。無論我的視線飄向何方，我都會看見構成照片的機會，以及值得記憶的瞬間，這就是我現在的生活。

@NUNOASSIS

Nuno Assis
孥諾・阿西斯
粉絲人數：> 24 萬

私房推薦：
@chrisconnolly
@konaction
@mihailonaca

@THEFELLA

Conor MacNeill
科納‧麥克尼爾
粉絲人數：> 19.5 萬

私房推薦：
@ovunno
@twheat
@whatinasees

從不同的角度拍攝

最棒的風景照，能夠激發觀賞者的漫遊魂。不用多說，你需要對構圖和色彩有一定的敏感度，才能拍出優秀的風景照。除此之外，請試著呈現大家不曾見過的景色。你所拍攝的場景或許大家早已看過成千上萬遍，尤其是在 Instagram 上，所以，找尋罕見的視角及焦點吧，拍出令粉絲驚豔的作品！

科納的故事

我是名拍攝藝術、旅遊和風景的攝影師，主要的據點在英國，但我希望能探訪全世界的國家。獨自旅行時，我為了排遣無聊，開始把攝影當作嗜好，並於 2010 年，Instagram 推出幾個月後建立了帳號。對我來說，那真是適逢其時，因為我差不多就在那時愛上攝影及旅行。數年後的現在，我白天不再是網站開發者（web developer），攝影和 Instagram 成了我賴以為生的工作——應該不難想像，我主要是與旅遊和觀光產業合作。

掌握靜物拍攝

在你開始拍攝靜物之前，先思考你想述說什麼故事。無論是花瓶裡的花朵，還是餐廳桌上的食物，靜物照就是在用視覺傳達故事。拍攝靜物時，一切皆在你的掌控之中，從主題、採光、材質、形狀，到色彩；每個元素都能撥動某種情緒，所以請謹慎構思畫面。小心安排物品，並試著在其中打造一條視覺動線，引領觀賞者的視線到你想要強調的部分。善用負空間（請見第 37 頁）來突顯物體，同時也請記住，不一定要呈現物體的全貌——部分裁切更有想像空間。所有基本的構圖法則在靜物攝影上都適用，還可以運用色彩的點綴來吸引注意力及營造律動感，如右頁這張照片。

@C_COLLI

Cristina Colli
克莉絲緹娜·柯立
粉絲人數：> 9萬

私房推薦：
@caroline_south
@5ftinf
@toile_blanche

克莉絲緹娜的故事

最初，我的帳號沒有固定主題。一陣子之後，我決定僅發表花朵的照片，向粉絲道早安，祝他們有美好一天。也就是從那時候開始，Instagram 成了我的快樂園地，我加入一個美妙的社群，裡頭滿是才華橫溢且樂於助人的人。現在，Instagram 已經是我日常生活中非常重要的一部分，定期發文使我保持積極，同時激勵我進一步發展創造力，進而成長為一名藝術家。最重要的是，Instagram 讓我得以認識眾多藝術家與愛花人，我由衷感激。

@SEJKKO

Manuel Pita
曼紐爾‧皮塔
粉絲人數：> 24萬

私房推薦：
@amandademme
@brahmino
@kbasta

尋找會心一笑

在 Instagram 上最重要的事，是用能讓自己心情好的照片展現自我。我發覺自己在拍攝整齊而極簡的照片時最常微笑，我喜歡看見單一元素成為視覺焦點，例如一棟建築物、一棵樹或一個人，我也絕不忽略背景或周遭環境，而且還會利用它們來襯托被攝物。這樣的風格就是我的天菜，同時也成為我的頁面主題。那麼，什麼東西能令你露出微笑呢？

曼紐爾的故事

學生時代，我一度在科學和藝術之間做選擇，而我選擇了科學。多年後，Instagram 成了我宣洩藝術家魂的地方。過去四年對我來說十分不可思議，Instagram 讓我發現自己的雙面個性如何共處，它們有的時候互相抗衡，有的時候相輔相成。此時此刻，我感覺到自己的藝術面正進行劇烈的演化，而我非常開心。

聆聽自己的心聲

試著與讓你感到極其親密的事物建立關係，展現私密、獨特，卻又怡然自在的一面，因為這些事物就是你的一部分。可以是某個嗜好，也可以是近鄰社區的某樣事物，亦或一件你非常喜歡的東西。當然，創造力及獨特的世界觀也很重要，但是更重要的是去探索、和自己對話，找出真實的自己。每個人都不一樣，利用真實的自己去建立與他人之間的關係吧。

伊莎貝爾的故事

在我於 2011 年加入 Instagram 時，我的目標從來就不是當個 IG 網紅，因為當時也還沒有這種觀念。一直以來，Instagram 對我來說就是盡情解放創造力的地方。我很榮幸地在 2012 年《VOGUE》義大利版的「PhotoVogue 精選攝影展」（A Glimpse at PhotoVogue）＊受邀展出，並於 2014 年被 The Cut 網站評選為「50 位必追蹤的時尚社群媒體人」（50 Fashion Social Media Voices to Follow）。後來，我的經紀權開始交由凱蒂‧貝克（Katy Barker）打理，她也是為泰瑞‧李察遜（Terry Richardson）及克雷格‧麥迪（Craig McDean）等攝影大師打造職涯的經紀人。2015 年，《Yo Dona》雜誌將我選為當年最意義重大的 500 名西班牙女性之一。我到現在仍然覺得這一切都只是場夢……

＊譯註：PhotoVogue 是由《VOGUE》雜誌建構的照片分享平臺。

@ISABELITAVIRTUAL

Isabel Martínez Tudela
伊莎貝爾‧馬丁內斯‧
圖德拉
粉絲人數：> 72萬

私房推薦:
@hombre_normal
@oneeyegirl
@unskilledworker

你需要經紀人嗎？

除了聽起來很酷之外，經紀人還能幫你快速躋身 IG 明星行列。不過，經紀人的工作到底有哪些？該如何找到自己的經紀人？他們又為什麼會對你這類型的 Instagrammer 感興趣呢？我們請來說話直截了當的部落客經紀人娜汀‧安德魯斯（Nadine Andrews），給我們一些明確的解答。

擁有經紀人的好處有哪些？

經紀人會代表你進行協商，光是這點就很有幫助，因為多數人對於談判總是感到尷尬且無從下手。此外，經紀人讓你得以把更多時間花在創作上，還能幫你跟他們合作已久的客戶牽線。好的經紀人還會常伴左右，為你在朝目標努力的路上指點迷津。

一個網紅可以同時有多個經紀人嗎？

可以，在不同國家可以有不同的經紀人。通常，你的主要經紀人或「原生」經紀人會將你安排至他們在其他地區有關係的經紀公司。至於在同一個國家內擁有多個經紀人，則是多數經紀公司絕不允許的狀況。

尋找經紀人時，該特別注意些什麼？

最好的方法是當面或透過電話對談，感受一下對方是不是真的與你契合，因為之後的合作關係將會很緊密，他們也需要了解你的目標，以及是否有辦法幫助你達成。另外，請留意他們目前代理的人有誰，以及自己是否符合他們專攻領域，因為有些經紀公司可能較偏重美容產業，有些則偏重美食。

什麼時候算是成為網紅？跟粉絲人數有關嗎？

互動的熱烈程度比粉絲人數更重要。成為網紅時，你的帳號會有一個脫穎而出的明確躍升點（point of difference），也會出現忠誠度高的粉絲，而你也會開始將自己視為一個品牌。

在承接新的網紅時，你期待看到什麼？

我會去研究他們的統計數據，以及他們獲得的互動類型。他們需要有清楚的計畫，知道自己想要往哪個方向去。他們是否想進軍 YouTube？他們是否意在出書或設計鞋子？我的客戶總會詢問可能合作的對象同時在經營哪些社群平臺，所以，請多多益善，因為這麼做能夠拓展機會。Instagram 的可能性無限，這個產業的步調飛快，經紀人總希望旗下的人才都可以發揮最高水準。

你會在新崛起的人才身上下賭注嗎？還是要等到他們有足夠的影響力？

我接過幾個剛嶄露頭角的人才，例如茵蒂·柯林頓（Indy Clinton）、瑪克希·韓森（Maxi Hansen）及瑪雅·卡頓（Mala Cotton）。設法發掘下一位巨星一直都是非常重要的事。此外，當他們的良師益友，教導他們如何打造自己的品牌，同樣十分重要。

若要找經紀人，該怎麼做？

務必寄一份媒體資料包（media kit）過來，裡頭要包含你所使用之各社群媒體的真實資訊，若你有部落格，請將每個月的瀏覽次數和瀏覽人次（unique visitor）也納入資料包裡。你還需要提供針對你曾合作過之客戶的專題研究，並說明我們要用你的原因。經紀人會想知道是什麼讓你脫穎而出，以及你對未來的規劃。

找經紀人時有什麼禁忌？

千萬不要用你的 Instagram 名稱寄來一封沒頭沒腦的 E-mail，既未清楚說明你在做什麼，也沒說明原由。對我來說，這種舉動很不專業，而且已經是不好的開始，因為我無法從中看出你的進取心、幹勁或熱情。

對於那些亟欲成為 IG 網紅的人，你有什麼忠告？

請真誠面對自己，別試圖成為他人。每個人都有他們專屬的創意魂，別退縮！當你覺得自己準備好交由經紀人來代理，請一定要百分之百知道自己在跟什麼人打交道。有疑問就提出，並且確保經紀人在工作上確實與你契合，然後請確定他們真的信任你。

娜汀·安德魯斯於 2013 年創立時髦模特兒管理公司（Chic Model Management）的社群媒體管理部門。此後，她經手代理的人才包含澳洲幾個最受歡迎的部落格，並且與澳洲航空（Qantas）、E! 頻道、鄉村路（Country Road）、Net-a-Porter 網站及雅詩蘭黛（Estée Lauder）等知名企業合作。

自拍的講究

你也許跟我一樣，有時會覺得自拍有些難為情。若想排解那份忸怩感，我的方法是確認自己真的有自拍的理由，例如展示自己喜愛的太陽眼鏡、服飾單品或新的妝容等等。這麼做還能讓自拍照背後有故事，不僅有助於寫出更好的照片說明，也能創造標註品牌的好機會，吸引品牌注意。單純好好享受自拍的樂趣就好，別把自己看得太重要。假如連我都做得到，大家絕對沒問題！

奧莉薇的故事

我叫奧莉薇，22 歲 ，是名來自倫敦的穿搭部落客。從我的動態頁面中，可看出我熱愛食物、旅遊、色彩、美容、音樂及服裝穿搭，我大約是在四、五年前開設 Instagram 帳號，同時開始撰寫部落格，當時我還在念書。而我那時候的作品就像是 Hipstamatic *濾鏡與光線糟糕的自拍照合體！而如今，Instagram 已成為我最愛的創意表現平臺，無論我有沒有用復古風濾鏡。

@LIVPURVIS

Olivia Purvis
奧莉薇·普爾維斯
粉絲人數: > 12萬

私房推薦:
@belleandbunty
@xantheb
@makemylemonade

＊譯註：一款 iPhone 的拍照 App。

@PHILGONZALEZ

Philippe Gonzalez
菲利普・岡薩雷斯
粉絲人數：>27萬

私房推薦：
@atfunk
@missunderground
@sejkko

舉辦InstaMeet活動

在現實生活中與 Instagram 好友碰面非常重要。這个僅能建立堅定的友情，還可以對粉絲有更深入的了解。你隨時隨地都能舉辦 InstaMeet 活動，然而，辦在接近復活節、聖誕節或情人節等重大節日的效果會最好。首先從籌劃開始，假如你想舉辦的是走走拍拍（photowalk）活動，請研究路線，同時尋找願意負擔花費的贊助商。接著，透過你的動態向社群宣布該活動，並且請朋友或粉絲在其帳號協助宣傳。走走拍拍的活動人數不宜太多，不過，若是辦在博物館等面積廣大的地點，人數就沒有太多限制。我們有幾場 InstaMeet 的人數高達上百人，甚至上千人！

菲利普的故事

Instagram 一上線，我就立即認知到它將改變我們與他人分享生活、認識朋友和與品牌互動的方式。在某個慵懶的星期天，我開始為初期用戶編寫使用教學，該內容後來變成了我的網站 instagramers.com。這個網站引起大家的注意，並且幫助他們在世界各地聚集起來。用手機拍照改變我的人生，也改變了全球數百萬人的人生，如今，Instagrams.com 中已經超過五百個社團，橫跨逾八十個國家，我希望我能花更多時間在自己的帳號上，但是，如同 Instagram 所提倡的「社群第一」原則，也是我一直以來明白並認同的道理。

@PALOMAPARROT

Phoebe Cortez Draeger
菲比·柯特茲·德瑞格
粉絲人數：> 32萬

私房推薦：
@dantom
@emilyblincoe
@thiswildidea

找尋自我風格

有很多東西都能夠激發靈感，例如音樂、無意中聽到的評論，或是曇花一現的美。請像在編輯相簿般編輯自己的 Instagram 頁面，當所有照片都有相同的美學水準，粉絲就能與你同步漫遊。找到自己最愛的色彩和題材，然後堅持下去。我喜歡以非常簡約而直接的方式拍攝主題，藉此為動態頁面營造有如紀錄片的氣氛。我認為，這麼做令人感到更貼近現實。

菲比的故事

修完攝影專業後，我沒能在該領域找到工作，所以我開始在服飾店工作。2012 年初，我從同事那得知 Instagram，發表的第一張照片是我的衣櫃。不過，我很快就找到自己的主題及風格，帳號也隨之快速成長。兩年後，我獲得第一份和 Instagram 相關的工作，之後，我辭去幼兒園老師的工作，現在是全職攝影師。

樂在其中!

大家對社群媒體上的很多東西都太過認真看待。當一天劃下句點,單純欣賞別人的創意並探索自己的創造力皆很重要。幽默是在 Instagram 上吸引注意的好方法,但是你本身一定要樂在其中!因為這樣能為你的動態注入能量,進而鼓舞人心。你可以建立一個充滿玩心的帳號,寫些詼諧風趣的照片說明,或是記錄你的日常搞笑片刻。我熱愛經營 @HOTDUDESWITHDOGS 這個帳號,因為它既好玩又能認識許多有趣的人。

凱琳的故事

最初,我玩笑地開了一個名為 @RICHDOGSOFIG 的帳號,結果它竟然吸引了大批粉絲:精確說來,一共 2.5 萬人,令我十分驚訝。於 2015 年底,我開始思考在社群媒體做下一個嘗試。我是個不折不扣的愛狗人士,若問我還對什麼東西付出同等的愛,那就是性感男人,因此,我決定將兩者結合在一起,並開設一個養眼度爆表的帳號。這個帳號不僅讓我有機會認識好幾位了不起的人物,還賦予我支持公益事業的能力,例如動物收容所。在我的粉絲人數達到 1.5 萬之前,都還沒有品牌注意到我,而如今我開始考慮要找個經紀人,因為要管理這樣受歡迎的帳號需要不少時間精力!

@HOTDUDESWITHDOGS

Kaylin Pound
凱琳·龐德
粉絲人數: > 39.5萬

私房推薦:
@hotdudesreading
@menandcoffee
@nick__bateman

@PANYREK

Kitty de Jong
凱蒂‧迪永
粉絲人數：> 18萬

私房推薦：
@brahmino
@claireonline
@groovypat

傷心也無妨

永遠享受每一天、永遠開心，這是 Instagram 予大眾的普遍印象。正面積極固然很好，但是，我們在人生道路上，總會有感到傷心難過的時候，也不是每天都這麼「美妙」。與粉絲分享真實感受很重要，因為他們也會有喜怒哀樂。2014 年馬來西亞航空 17 號班機空難的時候，我在 Instagram 發表這張照片，做為我對該事件的回應。我當時悲傷不已，對這個世界感到有些幻滅，而我想分享那種心情。我認為這張照片之所以會收到那麼熱烈的互動，是因為它也是大家的心情寫照。

凱蒂的故事

我和丈夫及我們的四個小孩住在阿姆斯特丹。我在 2011 年 10 月開始使用 Instagram，有 iPhone 相機隨侍在側，促使我拍攝更多照片，起初我還自我挑戰，要求自己僅發表用 iPhone 拍的照片。一開始，Instagram 占據我大量時間，因為我時時在尋找拍攝地點、題材及美麗光線。我也會花時間瀏覽、欣賞其他攝影師的優秀作品，他們讓我受益良多，督促我更想出門探索。

Instagram守則：該做

對粉絲說話，回覆他們的留言，並且常在他人的照片上留言。

註明或提及品牌和 Instagram 網友。將他們標註在你的照片或照片說明中。

不慌不忙，善用修圖 App，使照片完善再發文。

建立前後一致的調性或風格。粉絲喜歡流暢展開的動態。

風格進化後，請刪除舊照片。你絕對想不到大家有多喜歡回顧古早以前的舊動態。

保持個人檔案的資料為最新狀態，並列出所有其他社群媒體平臺帳號，以及網站或部落格連結。

利用地理標籤，告訴粉絲你現在／曾經在哪裡。標註近鄰社區是累積在地粉絲的好方法。

舉辦 InstaMeet，藉此和社群建立更親密的關係。

編寫能夠引起互動的照片說明，使觀眾對照片產生另一個層面的興趣。

稍微增加照片的銳利度，此舉有助於影像在上傳後保持清晰。

Instagram守則：不該做

在沒有註明出處的情況下使用他人的影像。一經檢舉，Instagram 就會停用你的帳戶。

沒寫照片說明。因為這樣會減少能夠引起互動的內容。

於一天之內發表過多照片。每天請控制在最多兩則或三則貼文，發文時間也需分散。

發表包含人體私密部位的照片。這麼做或許能讓你的粉絲在幾小時內暴增數百名，但你的帳戶很快就會被 Instagram 停用。

使用過多主題標籤。慎選一到兩個主題標籤就已足夠，假如你真的需要用到更多，請將其標註在留言內，才不會這麼顯眼。

追蹤太多人。你的首頁會因此塞滿無法賦予你靈感的貼文，還會導致粉絲棄你而去，因為你看起來有點「隨便」。

套用過時的濾鏡。真的，千萬不要。

發表貼文後，盯著手機等待有人按讚。與其這樣，不如出門尋找更多可供拍攝的題材！

付錢找人追蹤你。沒有人會因此上當的，因為相較於你的粉絲人數，你收到的互動會顯得極度冷清。

因為在用餐時不斷拍照而失去朋友。好好安排工作，給自己一些放鬆的時間。

圖片版權

謝辭

我要大大感謝以下人員，感謝他們付出無以估量的幫助及努力：莎拉・高史密斯（Sara Goldsmith）、艾利克斯・科寇（Alex Coco）、潔思・安捷爾（Jess Angell）、妮雅・佩吉薩克、娜汀・安德魯斯、露比・葛羅斯（Ruby Grose）、蘇西・麥金塔什（Susie Macintosh）、安娜・皮漢（Anna Pihan），以及本書所有無以倫比的Instagram達人。

關於資料搜集者

潔思・安捷爾於2011年初愛上Instagram，短時間內就在倫敦創立Instagrammer的社群，該社群會定期舉辦InstaMeet和比賽。潔思重新燃起對攝影的熱情，決定轉職，並於2013年成為全職Instagram顧問。她目前與許多品牌及企業合作，合作對象希望借助她對於Instagram的知識來改善發文內容、改善帳號，而她的工作讓她有機會四處旅遊，認識世界各地的傑出Instagram玩家，甚至進一步成為好朋友。

潔思共有兩個成功的Instagram帳號：
@MISSUNDERGROUND及@MISS_JESS